科学原理早知道 物质世界

U0229041

混合物的秘密

[韩] 表淳国　文
[韩] 郑贤雅　绘
祝嘉雯　译

化学工业出版社
·北京·

下雨了。

路上积水后，出现好多小水坑。

琪琪穿上了小雨靴，在水坑里玩得真开心。

扑通扑通，哗啦哗啦，

泥土和雨水混合在了一起，琪琪被溅得全身都是泥渍。

雨水落在泥土里，就变成了泥浆。

到了下午的时候，天气放晴，阳光明媚，

大水坑中的浑水变成了清水，

旁边小水坑里的水全都不见了。

奇怪，它们都去哪儿了？

爸爸说道：

　"泥浆是土壤和水的混合物，水分受到阳光的照射飞走后，就只剩下土壤咯。"

　"混合物？"

　"对，混合物。想知道什么是混合物吗？"

泥浆里既有泥土，也有水哦。　3

"琪琪呀，可以帮爸爸倒杯水来吗？
我们一起来做泥浆的混合物实验吧！"
琪琪接好水跑来，爸爸铲了些泥土放进水里，
并用木棍搅拌了起来，清澈的水很快就变成了泥浆。
过了好一会儿，琪琪观察着杯子，
发现水面漂浮着树叶等一些杂质，而水又渐渐恢复了清澈。
"土壤全部沉淀了耶。"
"是的，比水轻的物质漂浮到了水面上，
而比水重的土壤则沉淀到了水底。"

泥浆可以重新变回水和泥土哦。

"像泥浆一样，由两种或多种物质混合而成的物质就叫做混合物。我们身边有很多这样的混合物。我们呼吸的空气、喝的牛奶，还有汽油，都是混合物。"

"所以混合物能变出好几种物质咯？"

"答对了，混合物至少能分离出两种或者更多种物质，要是不能再分离出其他任何的物质，我们就称它为纯净物。像氧气、氢气、铁还有铜，就是纯净物。"

混合物的种类

沙子和小石块是无法均匀混合的。还有面粉和水也是，面粉与水无法混合而只会沉淀在水底。像这种无法整体均匀混合的混合物，我们称之为非均匀混合物。

而像盐和水、水和酒精混合后，无论提取它们的哪一个部分，都能得到具有相同特性的混合物，那这种混合物就被称为均匀混合物。

泥浆

面粉和水的混合物

非均匀混合物

盐水

酒

均匀混合物

"水是纯净物吗？"

"从表面上来看，它像是纯净物，
但实际上，它是由多种物质组成的混合物哦。
就像空气是氮气、氧气、氢气等气体与水蒸气混合而成的混合物，
水也一样，混合着各种气体和微生物。"

琪琪不禁感叹，原来混合物有这么多呀。

"那是不是像泥浆一样，任何混合物都能被分离，
重新变成原来的物质呀？"

"当然啦。"

空气和水都是由多种物质组成的混合物哦。

"我们先从最简单的混合物分离方法开始了解吧？
先来看看大小不同的混合物该如何分离。"
爸爸拿来了豆子和小米。
"你看豆子和小米的大小完全不同。
像这种情况的话，我们可以利用筛子之类的东西。"
琪琪把豆子和小米一起倒进筛子里，然后晃啊晃。
快看，豆子全都跑到上面来了，而小米则全部留在了底层。

"遇到质量不同的混合物，我们又该怎么办呢？"

"用风！"

"对咯。比如人们会利用风来筛除大米中的米糠。上下颠簸箕的话，质量重的大米就会留在簸箕里，而质量轻的米糠就会随风飞走啦。"

"那为什么现在很少有人用簸箕了呢？"

"过去大家都是用簸箕的，现在都改用机器了呀。不过机器的工作原理和簸箕是一样的哦，也是利用风把米糠吹出去的。"

质量重的大米留在了簸箕里。

质量轻的米糠和碎屑被风吹走。

大小或质量不同的混合物，使用简单的工具就可以进行分离。

如何勘探到深埋在地下的石油？

寻找石油时，首先要调查地下的地质状态，找到可能存在石油的地方，这就是所谓的勘探了。通过勘探，在有可能出现石油的地方进行钻探，如果确定有石油，就会再钻几个洞以确定石油的聚集量，并在其上方建设各种设备。通过钻入地下的管道提取出石油的方法就叫做采油。

用船来运载石油！

没有石油资源的国家会从其他国家购买石油。因为购买的石油量非常大，所以需要用巨型轮船来运载。用来运载石油的轮船叫做油轮。油轮上有数个大油箱，那就是用来储存石油的地方。

用巨大的管子输送石油！

开采出来的石油通过巨大的输送管道运送到大船上。这种长长的巨型管道叫做输油管道。

黑色液体混合物石油的秘密

  石油是指用作汽车燃料或制作化学用品原料的物质，是一种深埋在地下的黑色黏稠液体。

  在过去，人们根本不知道该如何使用石油。

  但现在，它已成为世界上所有人都不可缺少的宝贵资源。

这些地方盛产石油哦！

形成石油的地方，普遍具有岩石颗粒小、缝隙狭窄、石油不能自由移动的特点。岩石颗粒的成分多为砂岩或石灰岩。在这些岩石周围，通常会有一个盖层防止石油渗透，这种地形被称为圈闭。

人们主要在这样的地方提取石油。

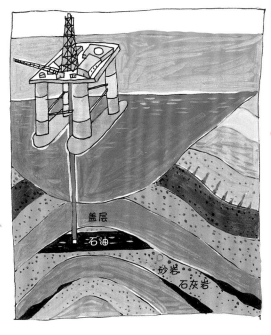

盖层
石油
砂岩
石灰岩

石油是这样形成的！

在很久很久以前，

海洋生物死后，被深埋在了土壤之下。

尸体与土壤混合后，积聚在了海水或湖水的底部。

在热能与巨大压强的共同作用下，

形成了石油。

"那要是盐混进了泥土里又该怎么办呢？"

"大小相似，质量也差别不大……对了，盐可溶于水。"

琪琪好像找到了解决问题的办法。

"好。那我们就把盐和泥土的混合物溶解在水中试试？"

"接下来该怎么办呢？"

"我们可以试试用滤纸过滤的方法。

滤纸只能过滤掉水，而泥土则会被留在滤纸里。"

琪琪将混有盐和泥土的水倒入滤纸。

"下一步我知道！ 加热盐水使水分蒸发。"

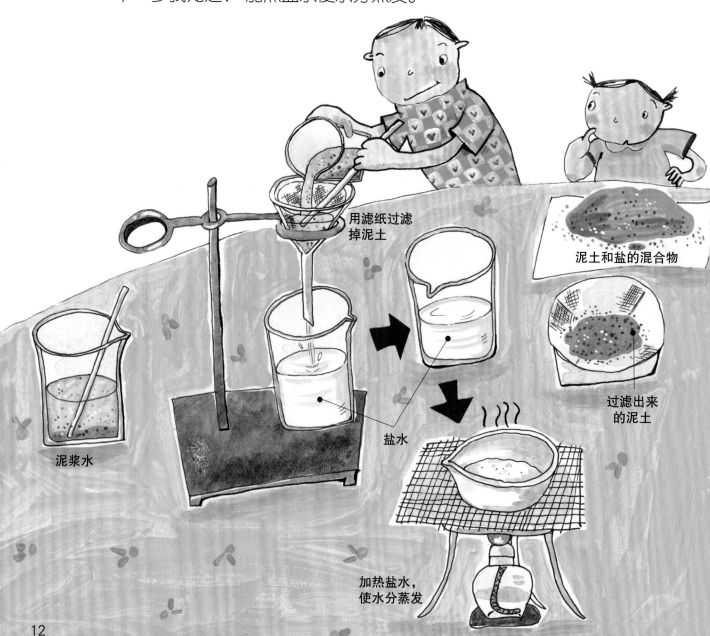

用滤纸过滤
掉泥土

泥土和盐的混合物

过滤出来
的泥土

盐水

泥浆水

加热盐水，
使水分蒸发

"没错，要得到溶解在水中的盐，就必须蒸发掉水分。
从海水中获取盐分的盐田，也是利用阳光来蒸发水分的。"

加热盐水，水分蒸发后就剩下盐了。

石油就是这样被分离的！

为了将石油制成各种石油产品，人们需要将石油中的各种混合物分离出来。在加热石油的精馏塔中，大约有30块塔板，根据物质越轻越能上升的原理，就能把物质从混合物中分离出来。

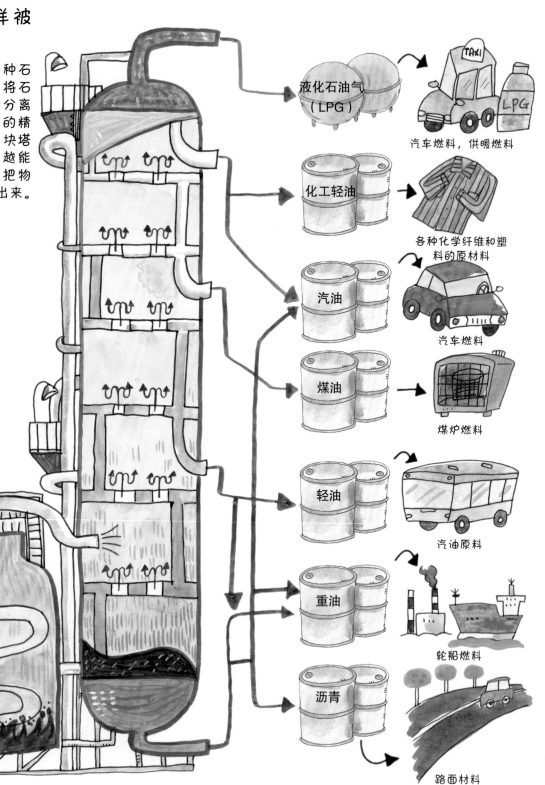

液化石油气（LPG）

汽车燃料，供暖燃料

化工轻油

各种化学纤维和塑料的原材料

汽油

汽车燃料

煤油

煤炉燃料

轻油

汽油原料

重油

轮船燃料

沥青

路面材料

这黑色的液态石油要成为我们生活中必不可少的物质，
还需要经历几个过程才行哦。
那么究竟是一个怎样的过程呢？
开采来的石油经过数次处理后，被制成各种石油产品，
人们将这一过程称为炼油。
石油精炼是指将石油中各种混合物分离开来的过程。
分离出来的石油产品大部分都被用作燃料，
或成为石化工业中的重要原材料。

油轮运输来的石油被送进了炼油厂！

巨轮装载而来的石油会被送到海岸附近的炼油厂。
炼油厂将石油储存在大油罐中，然后将其分离成各种不同的物质。

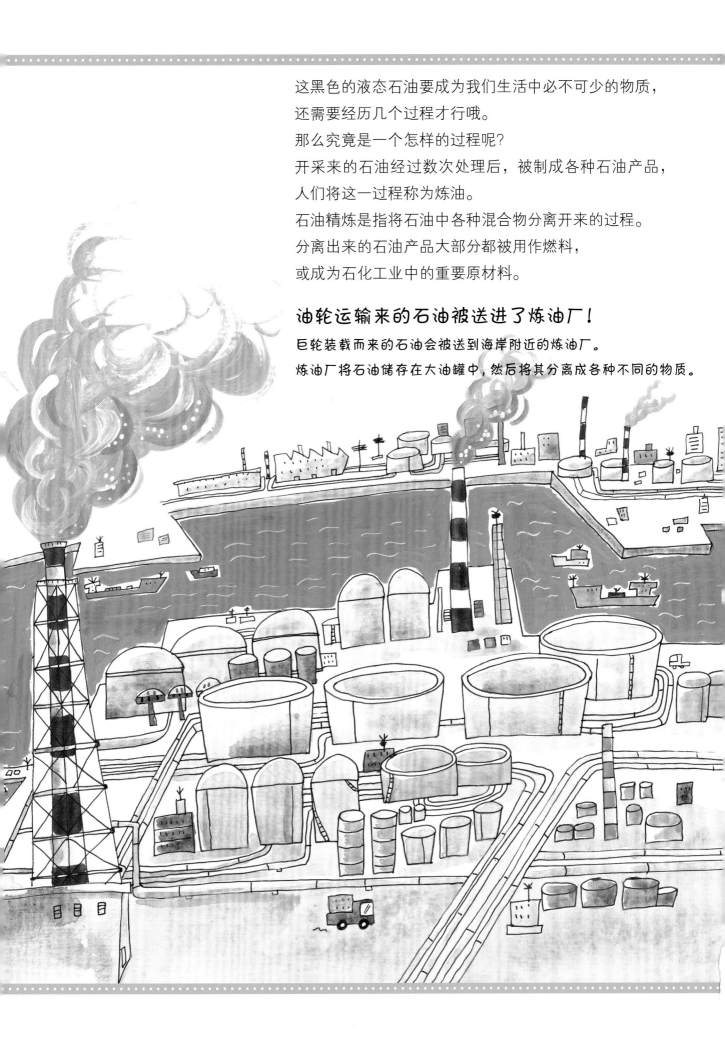

"想知道如何分离两种不相溶的液体吗？一起用水和食用油来做个实验吧。" 爸爸将食用油倒入水中并摇晃了一会儿。

　　"看。由于食用油比水轻且不溶于水，所以它就这样漂浮在水面上了。使用胶头滴管等工具就可以将它直接提取出来了。当然我们也可以使用漏斗等类似工具将水从底部排出。"

食用油

水

食用油

水

"燃油与食用油一样，不与水相溶且都漂浮在水面上。
因此，当燃油泄漏到海里时，我们就可以采用同样的方法将
燃油和海水分离。为防止燃油的继续扩散，首先要控制住被污染
的海域，然后用机器吸走漂浮在水面上的燃油。"

防扩散网，也叫挡油堤，可以防止燃油的继续扩散。

不溶于水的物质与水混合后，可以直接提取出该物质。

19

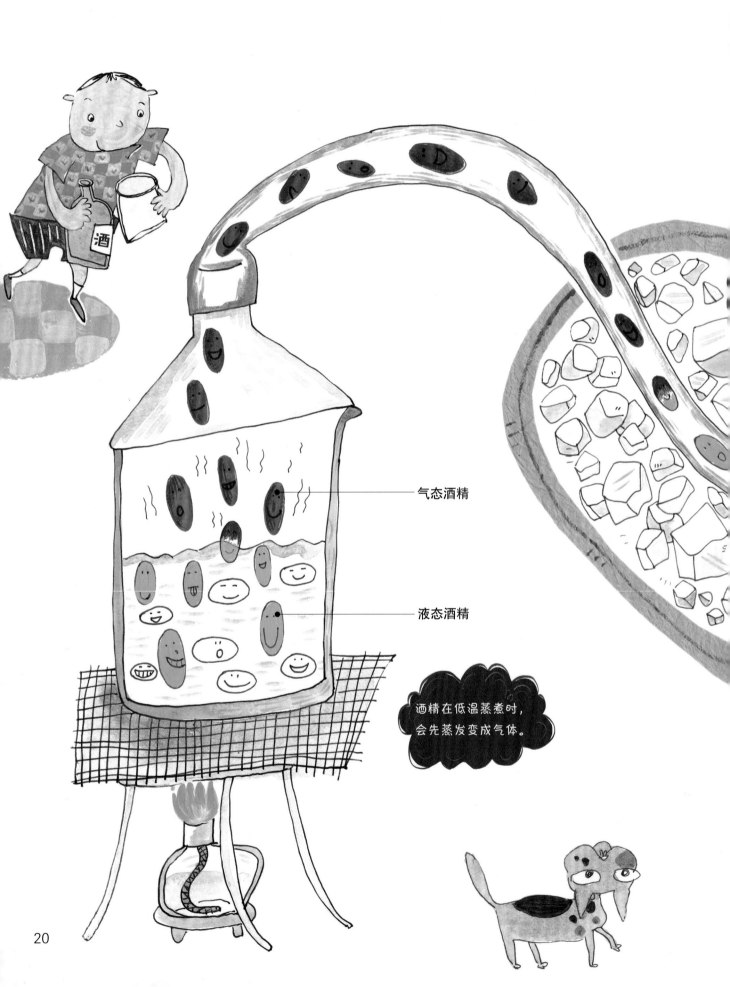

气态酒精

液态酒精

酒精在低温蒸煮时，会先蒸发变成气体。

"那能溶于水的液体呢？"

琪琪有了新的疑惑。

"那我们就拿水与酒精的混合物来讨论一下吧。我们知道酒精是能溶于水的物质，而且它和水一样无色透明，两者难以区分。大人们喝的酒就是水和酒精的混合物哦。"

"听起来好像更难分离的样子。"

"是呀，不过这种情况的话，我们可以利用酒精的特性把它提取出来。酒精被加热后会比水更快地蒸发到空气中。利用这一点，我们就可以轻松地把它们分开了。"

琪琪爸爸说着，便立马加热起了混有酒精的水给琪琪看。

不一会儿酒精就变成气体飞走了。

当这些气态酒精遇到冰块，就又会变成液体哦。

利用冰块，使气态酒精遇冷，重新变回液体。

液态酒精

这样，就能从酒里提取出酒精啦。

"到目前为止，我们只了解了如何将混合物分开的方法，但还漏了一件非常非常重要的事情。"

琪琪竖起了小耳朵。

"各种物质混合在一起形成混合物后，它们的性质也会有所改变哦。"

"会变成什么样呀？"

"例如，原本水在 100 摄氏度的时候会沸腾，但如果混合了盐的话，即使温度达到 100 摄氏度也不会沸腾哦。"

"还有我们肉眼看不见的灰尘，其他物质与它混合后，性质也会发生变化。"

"都有什么物质会这样呀？"

"听说过半导体吗？半导体和电脑一样，常被用来存储非常庞大的信息数据。但用来制作半导体的原材料非常敏感，即使掺入一点点的灰尘，它的性能都会立马改变。"

"啊，所以在半导体工厂里工作的人们才都要戴着口罩、帽子和手套呀。"

在水中加入盐，即使温度达到 100 摄氏度，水也不会沸腾。纯净物变成混合物以后，就会像盐水一样，性质也随之发生改变哦。

"当我们了解并掌握了混合物的特性后，我们的生活就会变得更加便利。"

"我们能利用混合物解决什么问题呀？"

"嗯，那可就多了。冬天下大雪的时候，开车会变得十分困难。

这时，人们就会在雪上撒一些氯化钙。

氯化钙降低了冰的熔点，雪就不会结冰了。

这样一来，就可以防止汽车在路面打滑了。"

　　"还有啊，汽车中的冷却液可以防止发动机过热。但冷却液也是水，在冬天的时候容易冻结成冰。所以就像在道路上撒氯化钙一样，人们会将一种含有特殊物质的防冻液混入其中。"

　　"混合物的应用可不仅仅局限于防冻哦，铁与碳混合后，就会变得更强。要是与铬、镍、钨等混合的话，铁就会变成不锈钢。因为它有不容易生锈的特质，妈妈们使用的厨房用具中就有大量的不锈钢用具哦。"

物质成为混合物后，性质也随之改变的这一特性，我们日常生活中常常会使用到哦。

"我们身边好像有好多的混合物呀。"

"对呀。我们看到的大部分物质都是混合物。
这些混合物在我们周围不停地混合又分离。"

"对了，这小雨珠也是混合物！从天上落下来的时候，
会和灰尘混合。"

琪琪一边伸手去接落下的雨滴，一边想着这雨落到地上
以后，还会和哪些物质混合在一起。

"这雨水中还会混合进哪些东西呢？"

许许多多的混合物就在我们身边不断地混合又分离。

29

通过实验与观察了解更多

怎样进行分离？

糟糕，分别装在 4 个箱子里的物质全都混合在一起了。
想要把盐、沙子、铁粉和塑料泡沫小颗粒分开的话，该怎么办呀？
请利用下列材料，试分离出上述混合物。

准备材料　磁铁、水、烧杯、过滤器、蒸发皿、酒精灯、三脚架
实验方法

1. 首先，利用磁铁从混合物中分离出铁粉。
   将磁铁包裹在塑料袋中，吸出铁粉后，能更轻松地除去磁铁上的铁粉哦。
2. 将剩余混合物倒入装有水的烧杯中。
3. 等到塑料泡沫小颗粒浮上水面，盐完全溶解于水中，沙子沉到烧杯底部即可。
4. 用勺子等器具去除漂浮在水面上的塑料泡沫小颗粒，使其干燥。
5. 接下来，用过滤器分离盐水和沙子。
6. 将盐水倒入蒸发皿并放到三脚架上，用酒精灯小火加热，使水分蒸发。

实验结果

为什么会这样呢？

　　该实验需要将四种物质的混合物一一分离。为了更好地完成实验，需要我们严格遵守实验顺序。如果不先将铁粉分离出来就将其溶解于水中的话，那么铁粉和沙子就会混在一起，沉淀于烧杯底部。为了分离铁粉和沙子，我们就要重新使其干燥，再用磁铁将两者分离。在混有铁粉的实验中，必须先将铁粉分离出来，然后再分离剩下的物质。

制作豆腐

豆腐是用什么做成的呢？听说是用豆子做的？
是的。萃取出豆子中的蛋白质就能制作出豆腐了。
那么如何才能从大豆中分离出蛋白质呢？
亲手来做一次豆腐，看看它是怎么被分离出来的吧？

准备材料

　　浸泡过的黄豆、燃气灶、锅、纯棉过滤布、卤水（或海水）、大碗、
筛子、牛奶盒、搅拌机

实验方法

将黄豆浸泡一天后，放入搅拌机中研磨。黄豆会变成什么样的呢？

研磨后的黄豆浆加水煮开。

在筛子上铺上棉布，倒入煮好的豆浆。纯棉过滤布起到了什么作用呀？

过滤后的豆浆汁倒入锅中，煮开后关火，加入卤水后搅拌。快看看发生什么变化了？

在牛奶盒底部戳几个小洞，放入干净的棉布，将凝固的豆浆倒入其中。

牛奶盒上方盖上棉布，再压上一个玻璃杯。

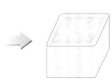

豆腐制作完成！

实验结果

1. 将浸泡过的黄豆研磨后，变成了黏稠的豆浆。

2. 棉布起到了过滤的作用，将豆浆汁和豆渣分离。

3. 加入卤水后，豆浆汁凝固。

　　黄豆被研磨后，豆中的蛋白质就会溶解于水中。添加卤水可以使黄豆中的蛋白质凝固，这样一来，我们就能轻松地将它与其他物质分离。这些凝固的蛋白质其实就是嫩豆腐。将嫩豆腐放入钻孔的牛奶盒中，再用重物将水分沥干，就能得到一块我们熟悉的豆腐啦。嗯？能不能吃？当然能吃啦！再用我们自己做的豆腐来做一道美味佳肴吧。

我还想知道更多

提问 **我们的祖先为什么要将水稻种子浸泡在盐水中？**

为了让水稻生长良好，人们会选择优质的水稻种子进行种植。将其浸泡在盐水中，能够帮助我们挑选出优质的水稻种子。水稻种子越饱满，它的密度就会越大，放入到盐水中就会下沉。而那些不饱满的水稻种子则会漂浮到水面上。去掉漂浮在水面的不饱满种子，人们就可以用沉在水底的优质种子进行种植啦。

提问 **如何把海水变成淡水？**

随着人口的增加，世界范围内的淡水资源短缺问题日益严重。特别是在非洲或沙漠地区，淡水资源尤为稀缺。地球上的大部分水都是海水，因此人们都在研究如何将海水变成淡水。人们在转化淡水时，通常会先将海水中的各种杂质进行过滤，然后再开始从海水中分离淡水。

其中最常使用的方法是煮沸海水。溶解于海水中的盐分被留下，水变成了水蒸气蒸发。人们把这些蒸发的水蒸气收集在一起，使其变成我们日常生活中能够使用的淡水。

另一种方法是将海水聚集在一侧，中间放置仅允许淡水通过的薄膜，然后再对海水一侧进行加压，让淡水能够渗透到另一侧。

真的有 100% 的纯净物存在吗?

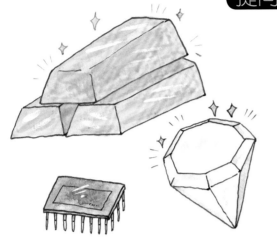

无论用怎样的方法,人们提取出来的纯净水,总是会溶解有各种物质的。即使是在干净的半导体工厂生产出的半导体芯片,也仍会含有少量的杂质。据说,依靠现在的技术,人们只能制造出99.99999%的纯净物。

也就是说,世界上所能接触到的物质都是混合物。但要记住一个事实,构成混合物的每种物质都是纯净物哦。

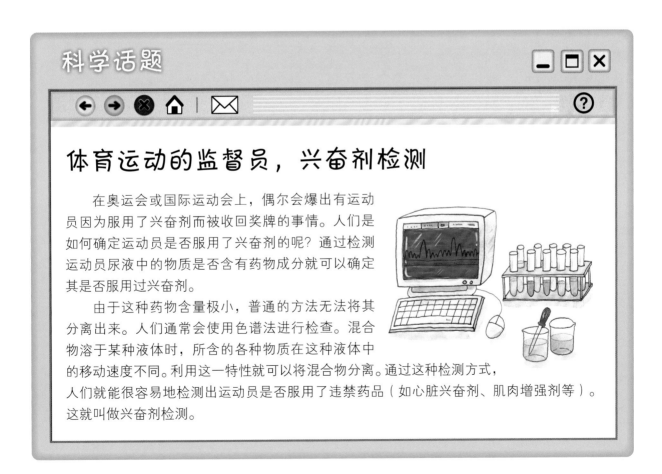

科学话题

体育运动的监督员,兴奋剂检测

在奥运会或国际运动会上,偶尔会爆出有运动员因为服用了兴奋剂而被收回奖牌的事情。人们是如何确定运动员是否服用了兴奋剂的呢? 通过检测运动员尿液中的物质是否含有药物成分就可以确定其是否服用过兴奋剂。

由于这种药物含量极小,普通的方法无法将其分离出来。人们通常会使用色谱法进行检查。混合物溶于某种液体时,所含的各种物质在这种液体中的移动速度不同。利用这一特性就可以将混合物分离。通过这种检测方式,人们就能很容易地检测出运动员是否服用了违禁药品(如心脏兴奋剂、肌肉增强剂等)。这就叫做兴奋剂检测。

这个一定要知道！

阅读题目，给正确的选项打√。

1 下列选项中，不是混合物的是

☐ 氧气
☐ 泥浆
☐ 牛奶
☐ 汽油

2 盐混进了泥土后，如何才能将泥土提取出来？

☐ 放在筛子里晃
☐ 用簸箕颠出来
☐ 溶于水后，过滤出泥土
☐ 用吸液管

3 混合物的应用在生活中十分常见，下列选项中能够预防下雪天地面结冰的方法是

☐ 倒冷却液
☐ 倒热水
☐ 撒氯化钙

4 水与盐混合后，性质会发生怎样的变化？

☐ 水的沸点升高
☐ 水的沸点降低

1. 氧气 / 2. 溶于水后，过滤出泥土 / 3. 撒氯化钙 / 4. 水的沸点升高

科学原理早知道 物质世界

力与能量	物质世界	我们的身体	自然与环境
《啪！掉下来了》	《溶液颜色变化的秘密》	《宝宝的诞生》	《留住这片森林》
《嗖！太快了》	《混合物的秘密》	《结实的骨骼与肌肉》	《清新空气快回来》
《游乐场动起来》	《世界上最小的颗粒》	《心脏，怦怦怦》	《守护清清河流》
《被吸住了！》	《物体会变身》	《食物的旅行》	《有机食品真好吃》
《工具是个大力士》	《氧气，全是因为你呀》	《我们身体的总指挥——大脑》	
《神奇的光》			

推荐人 朴承载教授（首尔大学荣誉教授，教育与人力资源开发部科学教育审议委员）
作为本书推荐人的朴承载教授，不仅是韩国科学教育界的泰斗级人物，创立了韩国科学教育学院，任职韩国科学教育组织联合会会长，还担任着韩国科学文化基金会主席研究委员、国际物理教育委员会（IUPAP-ICPE）委员、科学文化教育研究所所长等职务，是韩国儿童科学教育界的领军人物。

推荐人 大卫·汉克（Dr.David E.Hanke）教授（英国剑桥大学教授）
大卫·汉克教授作为本书推荐人，在国际上被公认为是分子生物学领域的权威，并且是将生物、化学等基础科学提升至一个全新水平的科学家。近期积极参与了多个科学教育项目，如科学人才培养计划《科学进校园》等，并提出《科学原理早知道》的理论框架。

编审 李元根博士（剑桥大学理学博士，韩国科学传播研究所所长）
李元根博士将科学与社会文化艺术相结合，开创了新型科学教育的先河。
参加过《好奇心天国》《李文世的科学园》《卡卡的奇妙科学世界》《电视科学频道》等节目的摄制活动，并在科技专栏连载过《李元根的科学咖啡馆》等文章。成立了首个科学剧团，并参与了"LG科学馆"以及"首尔科学馆"的驻场演出。此外，还以儿童及一线教师为对象开展了《用魔法玩转科学实验》的教育活动。

文字 表淳国
首尔教育大学毕业后，继续就读于汉阳大学研究生院，现担任首尔水落小学的一线教师。致力于儿童科学教育，积极参与小学教师联合组织"小学科学守护者"，并在小学科学教室和小学教师科学实验培训中担任讲师。科学源于每一个很小的兴趣，而这微弱渺小的源头也许能在将来孕育出巨大的成就，这就是科学的魅力。

插图 郑贤雅
1998年，在出版美术大赛中获得金奖，目前是一名自由插画家。代表作品有《愚蠢的光线魔法师》《美人鱼》《蔷花与红莲》《卖火柴的小女孩》和《天鹅王子》等。

혼합물의 비밀
Copyright © 2007 Wonderland Publishing Co.
All rights reserved.
Original Korean edition was published by Publications in 2000
Simplified Chinese Translation Copyright © 2022 by Chemical Industry Press Co., Ltd.
Chinese translation rights arranged with by Wonderland Publishing Co.
through AnyCraft-HUB Corp., Seoul, Korea & Beijing Kareka Consultation Center, Beijing, China.
本书中文简体字版由 Wonderland Publishing Co. 授权化学工业出版社独家发行。
未经许可，不得以任何方式复制或者抄袭本书中的任何部分，违者必究。

北京市版权局著作权合同版权登记号：01-2022-3377

图书在版编目（CIP）数据

混合物的秘密 /（韩）表淳国文；（韩）郑贤雅绘；祝嘉雯译. —北京：化学工业出版社，2022.6
（科学原理早知道）
ISBN 978-7-122-41010-8

Ⅰ. ①混… Ⅱ. ①表… ②郑… ③祝… Ⅲ. ①混合物—分离—儿童读物 Ⅳ. ①O642.5-49

中国版本图书馆CIP数据核字（2022）第047708号

责任编辑：张素芳
文字编辑：昝景岩
责任校对：王 静
装帧设计：盟诺文化
封面设计：刘丽华

出版发行：化学工业出版社
　　　　　（北京市东城区青年湖南街13号 邮政编码100011）
印　　装：北京华联印刷有限公司
889mm×1194mm　1/16　印张2¼　字数50千字
2023年3月北京第1版第1次印刷

购书咨询：010-64518888
售后服务：010-64518899
网　　址：http://www.cip.com.cn

凡购买本书，如有缺损质量问题，本社销售中心负责调换。

定　价：25.00元　　　　　　版权所有　违者必究